Bibliothèque de l'Amateur Champenois

LES ARTS & LES ARTISTES

DANS L'ANCIENNE CAPITALE DE LA CHAMPAGNE

1250-1680

Par ALEXANDRE ASSIER

I

Peintres-verriers, Peintres, Architectes, Tailleurs d'images, Menuisiers-sculpteurs, Facteurs d'orgues, Fondeurs et Orfèvres, etc.

PARIS

Aug. AUBRY, libraire, rue Séguier-Saint-André-des-Arts, 18.
CHAMPION, libraire, quai Malaquais, 15.
CLAUDIN, libraire, rue Guénégaud, 3.
Et
Chez les principaux libraires de l'ancienne province de Champagne.

M D CCC LXXVI

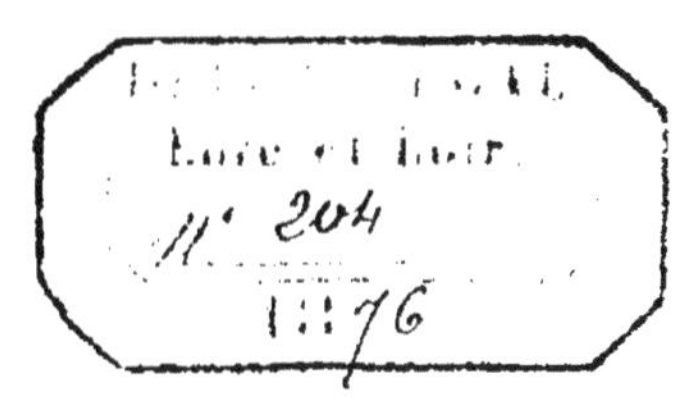

BIBLIOTHÈQUE

DE

L'AMATEUR CHAMPENOIS

Tiré à 160 exemplaires numérotés

120 sur papier vergé,
10 sur papier rose,
10 sur papier vélin,
20 sur papier chamois.

N°

Bibliothèque de l'Amateur Champenois

LES

ARTS & LES ARTISTES

DANS L'ANCIENNE CAPITALE DE LA CHAMPAGNE

1250-1680

Par ALEXANDRE ASSIER

Peintres-verriers, Peintres, Architectes, Tailleurs d'images, Menuisiers-sculpteurs, Facteurs d'orgues, Fondeurs et Orfèvres.

PARIS

AUBRY, libraire, rue Séguier-Saint-André-des-Arts, 18.
CHAMPION, libraire, quai Malaquais, 15.
CLAUDIN, libraire, rue Guénégaud, 3.
Et
Chez les principaux libraires de l'ancienne province de Champagne.

M D CCC LXXVI

AUX BIBLIOPHILES ET AUX LECTEURS

DE LA CHAMPAGNE.

Messieurs,

Tous ceux qui ont écrit sur la Peinture sur verre *ont vanté la ville de Troyes, parce qu'elle possède beaucoup de vitraux et que de son enceinte sont sortis de nombreux peintres-verriers dont les œuvres sont encore admirées de nos jours. Les lecteurs pourront se convaincre de la justice de ces éloges, lorsqu'ils parcourront la liste de ces modestes artistes dont les noms nous seraient inconnus, si les marguilliers de nos églises n'avaient pas eu le soin de les enregistrer chaque année dans leurs comptes de recettes et de dépenses.*

Les archives de l'Aube contiennent encore quelques milliers de registres trop longtemps dédaignés par les archéologues. C'était pourtant à l'aide de ces vieux documents qu'il était facile de prouver que depuis le XIVe *siècle l'ancienne capitale de la Champagne a compté de nombreux ouvriers que les diocèses voisins s'empressaient d'appeler pour la construction ou pour la décoration de leurs édifices religieux.*

J'aurais voulu, Messieurs, rendre hommage à tous les artistes dont Troyes se glorifie de posséder les œuvres remarquables, mais beaucoup de comptes ont disparu ou ne contiennent que des dépenses sans aucune mention de donateurs ou d'ouvriers.

Quoi qu'il en soit, le nombre que j'ose publier suffira pour vous prouver que la Champagne a toujours aimé les beaux-arts et que, si, moins heureuse que la Beauce, elle n'a point rencontré de poètes qui ont chanté la reconstruction de ses cathédrales, elle n'en a pas moins vu briller des artistes distingués.

Je termine, Messieurs, en déclarant que je dois beaucoup à la bienveillance de M. Léon Pigeotte qui m'a communiqué ses précieuses recherches avec le désintéressement d'un véritable bénédictin et vous assigne rendez-vous dans les églises de Troyes si riches en vitraux, en statues et même en tableaux.

Alexandre ASSIER.

Courbevoie, 5 juin 1876.

LES ARTS ET LES ARTISTES

DANS L'ANCIENNE CAPITALE DE LA CHAMPAGNE

1250-1680

Parmi les villes qui ont conservé des monuments du moyen âge et de la Renaissance nous pouvons surtout citer la vieille capitale de la Champagne où se développa de bonne heure le goût des beaux-arts. Dès le XVe siècle elle comptait déjà sa majestueuse cathédrale, les collégiales de Saint-Urbain et de Saint-Etienne et beaucoup d'autres édifices qui ont disparu dans la tempête révolutionnaire.

Mais, au XVIe siècle, lorsqu'elle se fortifie contre les audacieuses tentatives de Charles-Quint, elle élève et décore des églises avec tant de richesse qu'elle mérite le glorieux surnom de *Rome des Gaules*. Et, en effet, si l'église Saint-Nicolas conserve son calvaire construit par les soins de son fervent paroissien Michel Oudin, quel luxe n'éclate point aux yeux du touriste à Saint-Pantaléon sa voisine, luxe inouï de sculptures, de figures, de niches et de rétables fouillés par le ciseau !

Saint-Jean, l'église paroissiale des marchands, dont les deux précédentes n'étaient que de simples succursales, exhaussait son sanctuaire et voyait sous ses voûtes travailler les Juliot, les Gentil et les Macadré, en attendant que Girardon dressât son maître-autel que Pierre Mignard devait décorer de deux magnifiques tableaux. Plus riche encore, Sainte-Madeleine faisait élever par Jean Gualde son admirable jubé à la construction duquel concoururent les Mauroy, les Martin de Vaux et les Nicolas Havelin ou Halins, simple *tailleur d'images*, qui décora, dès 1524, le portail principal de la cathédrale d'innombrables statues qui ont disparu.

Le XVIe siècle fut donc, comme on le voit, la plus brillante époque de l'art à Troyes. Mais il est triste de reconnaître que la renommée des artistes troyens que tant d'œuvres et de mérites ont justifiée n'a guère dépassé les limites de la province, parce qu'il manquait à ces hommes la cour de la France, école admirable et puissante où le talent était mis en pleine lumière et acquérait comme un degré de force et de noblesse (1). Et pourtant la Champagne comptait des artistes éminents dès le XIIe siècle. S'il faut en croire M. Dussieux, dans ses *Artistes français à l'étranger*, Guillaume de Sens aurait commencé le chœur de la cathédrale de Cantorbéry et ne se serait retiré qu'à la suite d'une chute assez grave. Il paraît même que ce Guillaume serait le même qui aurait exécuté les travaux de la cathédrale de Sens sous l'épiscopat de Hugues de Touci et qu'il ne serait allé dans la Grande-Bretagne qu'à l'instigation de saint Thomas de Cantorbéry qui séjourna quelque

(1) Note communiquée par M. Natalis Rondot auquel les savants devront bientôt le travail le plus complet sur les artistes de Troyes.

temps à Sens. Mais, sans admettre cette identité, on ne peut nier l'habileté de cet artiste, car la chronique qui le cite le qualifie d'*artifex subtilissimus* et le chœur et le sanctuaire de la cathédrale de Cantorbéry sont le témoignage le plus éclatant de la renommée dont il jouissait à cette époque. La chronique rapporte même que ce Guillaume ne fut admis qu'à la suite d'un concours auquel prirent part des Anglais et des Français. « Convocati sunt artifices Angli et Franci... Senonensis Willelmus nomine vir admodum strenuus, in ligno et lapide artifex subtilissimus... Hunc cœteris omissis propter vivacitatem ingenii et bonam famam in opus susceperunt (1).

Plus tard un autre Champenois, Arnould de Langres, se rendit à Bourges et obtint l'honneur de conduire les travaux de la cathédrale.

---

(1) *Les artistes français à l'étranger*, in-8, Paris, 1856, p. 115. M. Bérard a publié, en 1872, un *Dictionnaire biographique des artistes français du XII au XVIIIe siècle*, in-8. Mais il faut avouer qu'il contient des appréciations complètement erronées ou hasardées. Trop de statues ont disparu et trop de verrières ont été plusieurs fois remaniées pour qu'il soit permis de reconnaître les œuvres véritables de beaucoup d'artistes.

ORDRE CHRONOLOGIQUE

DES NEUF ÉGLISES PAROISSIALES DE TROYES

1. Sainte-Madeleine.	Nefs Transepts 1re travée du chœur	XIe et XIIe siècles
	Chœur, Jubé, Sanctuaire Chapelle du Chevet	XVIe siècle
2. Saint-Pierre. *cathédrale.*	Chevet et Chœur	XIIIe siècle
	Transepts	XIVe siècle
	Nefs	XVe siècle
	Portail principal	XVIe siècle
3. Saint-Urbain.	l'église entière	XIIIe siècle
4. Saint-Jean.	Nefs	XIVe et XVe siècles
	Chœur	XVIe siècle
Saint-Gilles.	Chapelle en bois	XIVe siècle
5. Saint-Remi.	l'église entière	XIVe et XVe siècles
6. Saint-Nicolas	l'église	XVIe et XVIIe s.
7. Saint-Pantaléon.	l'église	XVIe et XVIIe s.
8. Saint-Nizier.	id.	XVIe et XVIIe s.
9. Saint-Martin-ès-vignes. (1)	id.	XVIIe et XVIIIe s.

(1) Parmi les monuments détruits nous citerons les églises St-Denis, St-Aventin, St-Jacques-aux-Nonnains, St-Frobert, les abbayes de St-Loup, de Notre-Dame-aux-Nonnains, de St-Martin-ès-aires et l'église collégiale de St-Etienne.

I

LES PEINTRES-VERRIERS

La peinture sur verre parait avoir concouru dès les premiers siècles de l'ère chrétienne à l'ornement des basiliques. Ses effets magiques devaient avoir trop de puissance pour que le clergé négligeât ce genre de décoration. Aussi le poète Fortunat ne peut-il contenir son admiration à la vue des églises ornées de vitraux et les compare-t-il au temple de Salomon.

Mais le plus ancien vitrail qui soit cependant connu est celui de Foulques d'Anjou dans l'abbaye de Loroux. Ce vitrail qui a disparu ne remonterait pas avant 1121 (1). A cette époque les artistes ne cherchaient surtout que l'harmonie et le symbole. L'imperfection des détails se rachetait toujours par une simplicité forte et grave, par un ensemble plein de foi naïve. Les vitraux n'étaient pour ainsi dire que des mosaïques transparentes à l'aide desquelles on parvenait à obtenir de puissants effets de lumière. Les figures et les draperies étaient largement indiquées et les sujets historiques

(1) *Histoire de la peinture sur verre*, par F. de Lasteyrie, in-folio.

peints dans des médaillons circulaires ou trilobés et disposés sur un fond de mosaïque.

Dès le XIVe siècle la peinture sur verre se modifie, les verrières commencent à devenir des tableaux, les morceaux de verre s'agrandissent, les lignes de plomb deviennent plus rares et les grisailles et les tons clairs plus communs (1). Mais, au siècle suivant, ces défauts augmentent, les verrières disparaissent totalement et sont remplacées non-seulement par des tableaux peints sur verre quelquefois d'après les cartons de maîtres célèbres, mais encore par de charmantes miniatures qui servent à la décoration des châteaux (2).

La ville de Troyes, comme le lecteur pourra le remarquer, a conservé de magnifiques vitraux dont les plus anciens remontent au XIIIe siècle, à cet âge candide où les peintres-verriers affectaient particulièrement la couleur bleue, image du ciel et symbole de la pureté divine. Mais, si de nombreux artistes nous ont laissé des preuves éclatantes de leur habileté, nous ne pouvons admettre que les rois les aient honorés d'un titre qui les aurait assimilés aux nobles

(1) *Les artistes français à l'étranger*, par M. Dussieux, in-8, Paris, 1856.

(2) Ce n'est qu'au XIVe siècle que date l'emploi du verre aux fenêtres des maisons particulières au lieu de parchemin ou même de papier huilé. On fit d'abord usage de petits carreaux de verre souvent placés en losanges enchassés dans du plomb. Mais, dès la fin du XVe siècle, ces vitrages ornés de médaillons en grisailles historiées ou de guirlandes entrelacées de fleurs et de feuillages finirent par prendre des dimensions plus considérables et reçurent le nom de *croisées* parce qu'ils étaient partagés en forme de croix. *Histoire des anciennes corporations de la capitale de la Normandie*, par Ch. Ouin-Lacroix, in-8, Rouen, 1850.

de race et leur aurait permis de jouir des droits de chasse et de pêche, comme le déclare M. Beaupré dans ses *Gentilshommes-verriers* (1).

Nous aimons mieux croire avec M. Ferdinand de Lasteyrie que des princes français, protecteurs des beaux-arts, se contentèrent de permettre à quelques gentilshommes de diriger des verreries (2).

XIIIe SIÈCLE

Les comptes de l'œuvre de la cathédrale de Troyes conservés à la Bibliothèque nationale ne constatent de 1293 à 1295 que des dépenses relatives aux verrières et désignent les peintres-verriers par ces mots *pro vitreariis*. Mais dans le compte de 1298 à 1299, on lit le nom du premier peintre-verrier de Troyes connu jusqu'à ce jour, *Johannem vitrearium*, **Jean**, *verrier* (3).

XIVe SIÈCLE

M. Arnaud, dans son *Voyage archéologique et pittoresque du département de l'Aube* (4) assigne le second rang à *Jacquinot Plumereux* qui aurait peint et posé les verrières de la chapelle St-Martin dans l'église royale et collégiale de Saint-Etienne. Mais, s'il ne nous a point été permis de constater l'existence de cet artiste,

(1) Page 18, in-8, Nancy, 1847.

(2) *Histoire de la peinture sur verre*, in-folio.

(3) *Construction d'une Notre-Dame* au XIIIe siècle, 2e livraison de la Bibliothèque de l'amateur Champenois, 2e édition, page. 45

(4) page 28.

nous pouvons citer comme troisième peintre-verrier, *Guillaume Brisetout* (1). **Guillaume Brisetout** paraît dès 1366 et pose « des verres de couleur » à la troisième fenêtre et à la rose du portail nord de la cathédrale. Le verre ne coûtait alors que 4 sous le pied et le verre peint 12 deniers de plus. Guillaume quitte subitement la ville de Troyes et laisse d'importants travaux inachevés. Ses « vallets » posent des verres peints à la fenêtre « en laquelle sont le Sauveur, saincte Hélène et saincte Mastie » et reçoivent une gratification de 20 sous. Plus tard ils posent encore d'autres verres à la fenêtre « en laquelle est ymaginé la gessine de Nostre-Dame, » aux six petites fenêtres du portail nord et fournissent le verre pour celle « en laquelle est ymaginé Monseigneur sainct Jehan évangéliste. » Il paraît que le départ de Guillaume causa un grand préjudice à son épouse, car cette femme se plaint devant le chapitre de la « grant perte à tenir les vallets » et reçoit une indemnité de 100 sous, 1366-1376 (2).

Adenet, désigné sous le nom de *vallet* et plus tard de *verrier*, achève les travaux entrepris par Guillaume Brisetout et partage la gratification accordée à l'épouse de son maitre, 1378 (3).

(1) Les archives de l'Aube citent le verrier Martelet, *verrerius*, à l'occasion des loyers des maisons appartenant au chapitre, 1306-1307. Est-ce Jean? S'il faut en croire M. Dussieux, un certain Jacques de Troyes aurait décoré dès 1335 les églises de Séville, de Barcelone et de Burgos en Espagne. *Les Artistes français à l'étranger*, p. XXXII.

(2) *Comptes de l'œuvre de l'église de Troyes*, archives de l'Aube, 1375-1376. Comptes.... publiés par Gadan, Troyes, in-8, 1851, page 49.

(3) Comptes id. page 49.

Jean de Damery ou *Damilly*, peintre-verrier, veut entreprendre « de verrer la forme en la croisée par devers chapitre, » mais son ouvrage est condamné par Gilet le peintre et par les verriers Jacquemin et Guiot « comme non souffisant ne convenable (1). » Drouin de la Marche, neveu de l'évêque Jean Braque, son protecteur, promet de rendre au chapitre les 24 livres 14 sous que le peintre-verrier redoit, s'il ne peut les donner, 1379-1380 (2).

Jacquemin le verrier, surnommé Sauvaige dans quelques registres, plus heureux que ses devanciers, travaille dès 1377-1378 et verre cette année « la forme où est saint Michiel et celle où est ymaginé saint Bartholomé » (3). L'année suivante il condamne l'ouvrage de Jean de Damery et travaille à la première forme « devers chapitre en laquelle est l'ymage de saint Mamer, » à celle « par devers le cuer où est l'ymage saint Denis dont la pointure est payée par l'évesque » et pose « des penels » aux verrières de la chapelle saint Fiacre et à celles du pignon « où sont les ymages de saint Pierre et saint Pol » (4).

Jacquemin pose en 1379-1380 le verre « pour la forme du milieu de la rameure en laquelle est l'ymaige de la résurrection N. S. (5) » Mais en ne ven-

(1) Bibliothèque nationale, manuscrit 9.113, folio 35.

(2) Comptes publiés par Gadan, page 59.

(3) Bibliothèque nationale, manuscrit 9113.

(4) id.

(5) Cette verrière contenait 438 pieds et demi de verre blanc à 3 sous 4 deniers le pied, total 73l 1s 8d. La peinture qui couvrait 191 pieds de

dant le verre que 3 sous 4 deniers, Jacquemin s'aperçoit bientôt de sa perte et prétend qu'il n'est pas plus heureux que Guillaume Brisetout et Jean de Damery. Le chapitre, craignant sans doute le départ de ce peintre-verrier, écoute favorablement ses plaintes et lui donne une gratification de 40 sous, sans compter les 5 sous qu'il accorde à ses vallets, 1380. Les années suivantes Jacquemin verre « la roe par devers la cour l'official et les basses verrières au dessoubs de ladicte roe, » fait une verrière neuve en la chapelle Sainte-Marguerite et remet un panneau « en la forme où est l'ymaige de sainct Barthelemie » avec des verres de plusieurs couleurs achetés chez Lambinet (2).

Lambinet n'est connu que parce qu'il vendit à Jacquemin et à Guiot Brisetout des verres de plusieurs couleurs. Mais, comme je le ferai remarquer, les registres ne constatent que l'existence de ceux auxquels le chapitre versait de beaux deniers et ne nous ont nullement transmis les noms de ceux qui travaillaient pour des donateurs, car à ces derniers l'argent était versé par de pieux fidèles et non « par les proviseurs de l'œuvre » qui se contentaient d'enregistrer les recettes et les dépenses. Beaucoup de gens s'étonneront peut-être de la modicité du salaire des ouvriers au moyen âge, mais d'après les calculs de M. Leber.

ce verre blanc fut payée 10 deniers le pied, total 7l 19s 2d. Le prix total de la verrière ne s'éleva donc qu'à 8l 1l 10d *Comptes de l'œuvre de l'église de Troyes*, 1379-1380, archives de l'Aube.

(2) Manuscrit 9112, année 1383-1384. Les registres citent *Ancher d'Aubrissel* travaillant avec Jacquemin.

il est prouvé que les ouvriers gagnaient au moins trois fois plus que ceux du XIXe siècle. Le boisseau de froment contenant 23 litres 28 centilitres ne coûtait qu'un sou en 1380.

Jean dit **Matay** et **Jean** dit **Magonet** visitent les verrières de Jacquemin et jurent sur les Evangiles que « bien et diligemment » ils visiteront l'ouvrage exécuté par le peintre-verrier, 1380-1381 (1).

Jeannin Sublot verrier, « pour deux faiz de verres communs pour la feste de Monseigneur | Etienne de Givry | pour chascun faiz x sous prins au four aux verres valent xxs 1395-1396.

« A Thevenin Vincent, autrement le Henappier pour porter et livrer à Troyes les verres dessus diz dès ledit four jusques en l'ostel de Monseigneur à Troyes pour ce....xvs.

« Aux femmes dudit four aux verres pour enfener lesdiz verres, IIs VId » (2).

Aix-en-Othe possédait donc, comme on le voit, un *four à verre* et des mines de fer dont le loyer rapportait chaque année 18 livres dès 1378. C'était même dans son château appartenant aux évêques de Troyes que de nobles seigneurs et de vénérables prélats venaient de temps en temps jouir des douceurs d'une généreuse hospitalité et se livrer gaîment aux exercices de la chasse, lorsque les *routiers* n'infestaient point les chemins.

(1) Manuscrit 1911. Bibliothèque nationale.

(2) *Comptes de la terre d'Aix-en-Othe*, 1395-1396. Sublot devait être probablement le chef de la verrerie.

Guiot Brisetout paraît dès 1380 à la cathédrale et dans l'église Saint-Etienne où il repare une verrière. Ce Guiot est le fils de Guillaume, *filium Brisetout*. Il pose des verres à Saint-Urbain avec ses « varlets » et gagne 5 sous par jour, 1383-1393 (1). Travaillant quelques années avec Jacquemin à la cathédrale, il fait en 1388-1389 « un ymage de Dieu tout de couleurs par devers le pavement » remet la grande verrerie « en la table aux reliques brisée par des jeunes gens demourant *cheux la Guignarde* », et exécute différents travaux à la cathédrale jusqu'en 1415 (2).

Courtet Jean, 1386-1387, travaille à la cathédrale avec Jacquemin Sauvage (3).

Domanchin, *varlet* de Guiot, travaille à Saint-Urbain, 1383-1384, et à la cathédrale, 1388-1389.

Jeannin de Pommart, *varlet* de Guiot, travaille également à Saint-Urbain, 1389, et à Saint-Jacques-aux-Nonnains.

Charretel Jean, de Saint-Quentin, répare la verrière où est « l'image saint Bartholome », 1397-1398 (4).

(1) *Comptes de Saint-Urbain*, 1383-1393. Pour ne point surcharger notre liste de notes fastidieuses, nous nous contenterons de citer la date et les églises dans lesquelles les artistes ont travaillé. A l'aide de cette simple indication, le lecteur pourra, s'il le veut, consulter les nombreux registres conservés aux archives de l'Aube.

(2) Les registres citent le don fait à l'œuvre par Mahiet Pasillon « afin qu'il fût mis et pourtraiz en une verrière » que fit Guiot pour la somme de 8 livres 5 sous, 1391-1393. Ms. 1911. En 1408 Guiot s'engage à faire « ung grand ostoau ouquel seront faiz les quatre évangélistes en quatre roses. » Ce vitrail existe encore au portail latéral construit à l'extrémité du bras nord du transept.

(3) Ms. 1911. *Bibliothèque nationale*.

(4) Idem.

XVe SIÈCLE

Machefoin Etienne répare et repose les verrières de la grande salle de l'évêché et met « du verre et du plomb où il est nécessaire », 1406-1407.

Du Pins, dit la Barbe, Jean ou Hennequin, répare des verrières endommagées par la grêle à la cathédrale et celles des chapelles St-Jacques et St-Michel, 1416-1417.

Jean Brisetout travaille avec Jean **Blanc-Mantel** à la chapelle de la Conception à la cathédrale où il pose « des verres jaunes et de plusieurs couleurs », 1420-1421.

Jean de Vertus pose des verrières à la cathédrale et fournit le verre « pour la librairie » 1421-1423. Jean gagnait 5 sous par jour, 10 deniers de plus que le maître-maçon Jeannin le Terrelion.

Jeannin le verrier travaille dès 1421-1422 à Saint-Jacques aux Nonnains, à Saint-Urbain en 1423-1424 et à la Cathédrale en 1443 où il met un verre neuf « ès tables en quoy sont les reliques du portail, » — peut-être Jeannin de Pommart dont le fils travaillait en 1443.

Jean de Bar-sur-Aube appelé quelquefois Jean le verrier ou Bar-sur-Aube, répare « les voirrières dessus les orgues » à Sainte-Madeleine dès 1425-1426, et celle de la chapelle St-Claude, où il met « du verre selon les couleurs de la dicte verrière » 1438-1440.

« A luy pour avoir mis xx pieds de verre blanc en une verrière et demy, chapelle saincte Catherine, lesquelles deux verrières ont esté faictes à neuf, parce-qu'auparavant elles estoient viex et plaines de couleurs et parce qu'on ne veoit point en la dicte chapelle, lesquelles verrières viex sont au trésor de la dicte église. VI^{s} II^{d}. »

Par qui les vieilles verrières avaient-elles été exécutées ? Les registres n'en font aucune mention, mais il est permis de croire qu'elles provenaient des ateliers de Jacquemin ou de Guillaume Brisetout. Les marguilliers de Sainte-Madeleine commirent en cette occasion un acte de vandalisme. Qu'auraient dit les donateurs s'ils avaient été témoins de cette métamorphose ? *Tempus edax, edacior homo.* Jean de Bar-sur-Aube parait s'être établi bien jeune à Troyes, s'il n'y est point né, car sa parente Marion de Bar-sur-Aube quête le pain bénit à Sainte-Madeleine dès 1411-1412 et Jeannette de Bar-sur-Aube achète la même année « ung viez chapperon à femme laissé par la femme Perrin d'Arras. »

Ce peintre-verrier « remet encore à point trois panneaux des grandes verrières de derrière le grant autel de Saint-Remi » 1435-1436, répare toutes celles de l'église Saint-Etienne et de Saint-Urbain, 1439-1440 et quelques unes de celles de la cathédrale où il pose « des verres de couleur. »

Jean Simon de Bar-sur-Aube, probablement le fils de Jean est chargé dès 1438 d'importantes restaurations par le chapitre de la cathédrale. Vingt quatre ans plus tard « il refaict de son mestier toutes les verrières de l'église Saincte-Madeleine tant haut que bas, lesquelles estoient moult très-dommaigées de la gresle (1). »

Michelet répare les verrières de l'église Saint-Jean dès 1441 et en refait deux à Sainte-Madeleine en 1446-1447.

Jean Tirement répare des verrières à Saint-Urbain, 1458.

Antoine Viole vend du verre blanc et du verre de couleur, 1469.

Henryet répare des verrières en 1469 à Saint-Urbain et à la cathédrale et fait avec **Claude Piqueret** celles de la librairie nouvelle, 1479 (2)

Girard le Noquat. Le 3 décembre 1484, le chapitre consent que la petite maison située contre le gros clocher soit louée à vie à Girard le Noquat qui a fait les verrières neuves de l'église moyennant 60 sous par an. Sont compris dans le bail un petit atelier situé devant cette maison et une place vide où le locataire se construira un atelier neuf avec des bois fournis par la fabrique. (3)

Girard fait la verrière « de la chapelle de nouvel faicte du costé du pavement en laquelle sont les prophéties de l'advénement et passion de Nostre-Seigneur, —

(1) Bar-sur-Aube comptait à Lyon beaucoup de ses habitants parmi lesquels nous citerons Pierre *tainturier* qui fournit à l'entrée du roi Louis XII en 1499, 4000 aunes de toile « pour couvrir les rues. » A cette même entrée un Jean de Troyes fut chargé de faire 400 *targuctes* aux armes de France. *Archives de l'art français*. T. I. pag. 93 et 97.

(2) M. le baron Chaubry dans ses *Recherches sur les peintres-verriers champenois* cite un Claude Henriet né à Châlons vers 1550.

(3) Délibérations capitulaires G 1278. Archives de l'Aube.

212 pieds de verre à 5 sous 10 deniers l'un, 1484-1485.

Ce peintre-verrier avait posé et réparé beaucoup de verrières dès 1480 dans les chapelles de sainte Marguerite, des Apôtres, de Notre-Dame, de Saint-Nicolas, du Sauveur, de sainte Mathie, de Saint-Michel, de Saint-Fiacre, de la Conception et aux fonts. Plus tard il fournit le verre « pour les verrières d'en bas du pignon de la ramée de la nef, exécute la verrière de la *Transfiguration* et celle où sont les *Anges*, le *Crucifiement* et *l'Annunciation*. Il se plaint cependant en 1484-1485, des sommes modiques qui lui sont allouées et prétend qu'il éprouve de grandes pertes. Le chapitre satisfait des *couleurs* qu'il emploie lui accorde 100 sous à titre de gratification. On lui attribue la *légende de la croix*, première fenêtre de la nef à gauche.

Pierre Soudain I cité dans le registre K[1] des archives municipales, à l'occasion de l'entrée de Charles VIII en 1486.

Jean Lefebvre, id.

Me Jacques Robelin, organiste de Saint-Etienne fait faire par un verrier, en 1491, le *pourtraict* d'une verrière de l'église des Carmes à Orléans et reçoit du chapitre 8 sous 4 deniers.

Vincent Marcassin refait les huit verrières « au pignon de la nef » et répare « le bas de celles que Mgr Louis Raguier a faict faire » 1491-1492.

Nicolas le verrier met « ung panneau de verrière en la chapelle de St-Loys ouquel est l'ymage Saint-Etienne » et pose des « lozanges neufz à XVI panneaux » 1494-1495. — Le même probablement que le suivant, car les registres de la cathédrale ne contiennent quelquefois que le prénom.

XVIe SIÈCLE.

NICOLAS MACON remet à la cathédrale « des panneaux en la chapelle de la Nativité Nostre-Dame selon les couleurs, au-dessus du chœur et détache les vieilles verrières des deux pignons de Saint-Nizier, 1524 (1).

Lyénin Varin établi à Troyes dès 1486 (2), exécute en 1498-1499 la verrière du *Radix Jessé* à la cathédrale. Le chapitre avait ordonné de donner à sa femme « ung escu d'or pour ung chapperon, affin qu'il fist bien et deuement ceste verrière » dont les donateurs furent François de Marisy et son épouse, comme on peut encore le lire au bas de la quatrième fenêtre de la nef à droite : *François de Marisy et damoyselle Guillemette Phelipe, sa femme, ont donné ceste verrière en l'honneur de Dieu et de sainct Pierre l'an mil CCCCIIIIxx et XVIII.* Cette verrière de la plus grande magnificence représente l'*arbre de Jessé* ou la généalogie de la Vierge. Les donateurs selon l'usage y sont avec leur famille et leur écu armorié.

Lyénin, demeurant rue Notre-Dame, était chargé dès 1508 « d'ouvrir en esté et de refermer en yver

(1) Ce peintre-verrier demeurait sur la paroisse Saint-Nizier comme le constate ce qui suit : « Du droit de la terre de l'enfant de Nicolas Macon verrier, v sous. » Saint-Nizier, 1524.

(2) Archives municipales de Troyes. Registre K'.

chaque année les verrières ouvrans de l'église St-Jean sa paroisse. Lyénin fit encore une verrière pour St-Jacques-aux-Nonnains et mourut vers l'an 1513, car cette même année les marguilliers payèrent une certaine somme à ses héritiers « pour les panneaulx de la verrière de dessus la chapelle de Nostre-Dame où est l'ymaige Saint-Christophe (1) ».

Lyénin II Jean, probablement le fils du précédent, pose une verrière à Saint-Pantaléon en 1529, travaille à la verrière de Saint-Gond à Saint-Nicolas dont il fit sans doute les *pourtraits* en 1533-1534.

Balthazar Godon travaille à la cathédrale avec Jean Verrat de 1498 à 1507 et restaure seul en 1502-1503 « ung petit panneau de voirre de l'une des haultes verrières de la croisée devant St-Sébastien. »

Jean Verrat (2) entreprend avec le précédent la verrière de M. Ladvocat. Cette verrière, consacrée aux saints honorés à Troyes et à plusieurs personnages de l'ancien Testament fut donnée en 1498 par les Huyard, comme le constate l'inscription au bas du vitrail de la cinquième fenêtre de la nef de la cathédrale à droite :

Maistre Jehan Huyard, chanoine de ceste église, et Guillaume Huyard, advocat du roi à Troyes, escuyer,

(1) M. Léon Pigeotte dans son *Etude sur l'achèvement des travaux de la cathédrale de Troyes* lui attribue la verrière de St-Sébastien, seconde fenêtre de la nef de la cathédrale, à gauche, car on lit dans le compte de 1501-1502 : « Paié à un maçon pour ayder *Lyénin* le verrier à refaire les escharfauds de la verrière St-Sébastien » pag. 51.

(2) Ce peintre-verrier devait demeurer sur la paroisse Saint-Jacques car sa femme et sa fille *quièrent* l'œuvre en 1529-1530.

maire de ceste dicte ville et mareglier de ceste dicte église, ont faict mettre ceste verrière l'an mil IIII^{c} IIII^{xx} *et* XVIII.

Jean Huyard était en outre curé de Saint-Nizier et entreprit avec le chapitre de Saint-Pierre un procès contre les religieux de Saint-Loup, parce que les cloches de l'abbaye royale troublaient, disait-il, les offices. Mais le Parlement de Paris se moqua de ses prétentions et lui permit d'en faire fondre de plus grosses, s'il le voulait. Il est probable cependant que l'église Saint-Nizier doit à sa libéralité la plupart de ses verrières, quoiqu'il se soit montré l'un des principaux bienfaiteurs de la cathédrale.

Tandis que les maçons découpaient en dentelle les rosaces de pierre et décoraient les fenêtres de compartiments ogivaux, le chapitre de la cathédrale de Sens achetait du verre et cherchait des verriers pour le mettre en œuvre et pour y peindre quelques grands sujets d'histoire sainte. Il envoie dès l'an 1500 le doyen et les fabriciens dans la capitale de la Champagne pour proposer à des verriers de cette ville de faire les verrières du *croison*. Lyénin Varin, Jean Verrat et Balthazar Godon s'engagent à faire toutes les verrières « moyennant 6 sous 6 deniers pour chascun pied tout de couleur et painture. »

Mais il paraît que nos peintres-verriers ne terminèrent pas assez promptement leurs travaux, car maître Charbonnier, fabricier, après plusieurs voyages à Troyes « pour veoir s'ils faisoient bien les vitres, » les fit sommer par le bailli de cette ville « de faire et

2

parfaire les dites vitres dedans le temps et selon la convention faicte avec eux (1).

Le 12 juin 1502, les peintres-verriers avaient enfin amené « l'osteau, tant le haut que le bas, » qui fut mesuré par le maître-maçon, Euvrard Hympe, verrier, et le chanoine fabricier. Cet osteau ne contenait pas moins de 633 pieds de verre. Le 17 septembre, un serviteur de Lyénin apporte de Troyes le verre ouvré des armes du roi et de la reine et le pose en l'*osteau*. Le 11 décembre, les verriers reparaissent encore à Sens, à l'exception de Lyénin, que remplace Jean Macadré, son neveu. Ils posent les deux formes de la chapelle Notre-Dame que mesure Euvrard Hympe, verrier de Sens.

Ces verrières, d'un travail remarquable, représentent différents sujets religieux. La rose ou l'osteau est consacré à rappeler aux fidèles l'effrayant spectacle de la résurrection des morts et du jugement dernier et le glorieux martyre de saint Etienne, patron du diocèse de Sens. Les deux grandes verrières du côté de la nef contiennent la suite de la légende de ce saint, tandis que les deux autres fenêtres en face représentent l'*Arbre de Jessé* ou la généalogie de la Vierge et la légende de saint Nicolas.

Jean Verrat relève deux « des panneaulx de la verrière de Mgr de Metz, y fait des pièces selon les cou-

(1) *Notice historique sur la construction de la cathédrale de Sens* par Quantin, in-8, 1842, p. 27.

leurs des histoires, lesquelz panneaulx furent gastez, quand la fouldre tomba sur le clochier (1). »

Le compte suivant prouve que les peintres-verriers exécutaient quelquefois les verrières d'après les patrons qui leur étaient présentés : « Payé à Jehan Verrat et à Balthasar, verriers, pour 402 pieds de verre à 6 sous le pied que doit contenir la première verrière des trois formettes qui sont à faire en l'église (cathédrale de Troyes), sur l'autel saint Anthoine... selon le patron à eulx montré : C'est assavoir le champ d'icelle, tout de fin azur, tant du carré que des remplaiges et ymaiges debout, trois en chascun jour habillés de toutes bonnes vives couleurs selon leur ordre... Et seront tenuz faire pilliers portant tabernacles audit carré en chascun jour selon ledit patron... Et esdiz remplaiges sur le dit champ d'azur seront tenuz semer d'estoilles ou de fleurs de liz, ainsi qu'il plaira à Mesdiz Srs, 1505-1506. »

Jean Verrat est encore cité dans les registres de Sainte-Madeleine pour avoir mis du verre « à ung reliquaire de la vraye croix, 1513-1514 » et pour avoir levé par deux de ses *vallets* les panneaux de la verrière « en laquelle est l'histoire de l'*Invention de la Croix* (2), 1514-1515 » et dans ceux de Saint-Pantaléon « pour avoir rabillé la verrière de feu Jean Lau-

(1) Première à droite de la grande nef de la cathédrale de Troyes en venant du chœur. Cette verrière sortait probablement des ateliers de Jean Verrat, auquel quelques uns attribuent la *Légende de la Croix*.

(2) Ou plutôt quelques faits se rapportant à la *Légende de la Croix* représentée à la cathédrale, à Saint-Pantaléon, à Saint-Martin, à Saint-Jean et à Saint-Nizier.

rent du Molinet, 1516-1517, » et refait celles de la chapelle du Dauphin et d'une des chapelles du jubé, 1520-1521.

Colas Pasquot, *vallet* de Jean Verrat, 1510.

Nicolas Blampignon, *apprentiz* de Jean Verrat, 1510.

Martin Lambert, *vallet* de Jean Verrat, 1510, travaille à Saint-Jean, 1524.

Pierre, fils de Martin le verrier (1), fait la verrière de l'*Enfant prodigue* pour Guillaume Moslé, 1498-1499. Les proviseurs, satisfaits de son œuvre, donnent à sa femme « ung escu pour ung chapperon. » La parabole de l'*Enfant prodigue* est représentée en seize tableaux disposés sur trois rangs superposés, troisième fenêtre à droite. Mais soit que le peintre ait mal pris ses mesures, soit que la famille donatrice ait jugé qu'elle était suffisamment désignée par son blason si souvent répété sur le vitrail, nous n'avons découvert aucune inscription au bas de cette fenêtre comme aux autres, ni même de place pour en mettre.

Pierre le verrier refit encore la verrière de la chapelle de Jean Molé à Saint-Pantaléon, 1524, celle de saint Adrien à Saint-Nicolas, 1533, les *portraits* pour les *images* (2) de Pierre Genet et la verrière des *sept douleurs* du Mont Calvaire, 1534.

Le lecteur sera peut-être surpris de voir ce Pierre travailler de 1498 à 1534 et même au-delà, tandis que

(1) Ainsi désigné dans le compte de Saint-Nicolas, 1533-1535.
(2) Statues.

d'autres n'apparaissent qu'un petit nombre d'années. Mais il faut se rappeler que les marguilliers n'enregistraient que les noms des ouvriers qu'ils payaient et qu'avant 1830 nos aïeux n'aspiraient point comme nous à un repos prématuré. La plupart travaillaient jusqu'à un âge avancé et ne renonçaient à leur profession que lorsque leurs forces étaient épuisées. Il est bon de dire que les fêtes étaient plus nombreuses et que dans les temps prétendus *naïfs*, nos aïeux déridaient souvent leur front et se permettaient même certaines licences, comme le constate dès 1400 le registre des amendes de l'officialité conservé aux archives de l'Aube,

« De plusieurs habitants de Chalantre-la-Grande (1) qui ont fait un *charivari* à l'occasion d'un second mariage.

« Des gens du Chêne qui ont voulu interrompre leur curé, pendant qu'il publiait au prône une excommunication prononcée par l'official.

« D'une femme qui a fait confesser une autre femme à un laïc en couvrant ce dernier d'un linge blanc que l'autre avait pris pour un surplis (2). »

Aillet Pierre ou Jean paie à chaque terme à Saint-Urbain deux livres pour la maison « où il demore, assise près de ceste église nouvellement édifiée » 1499-1500 et fait une verrière à Sainte-Madeleine d'après le carton fourni par le peintre Guillaume Passot, 1495-1496.

(1) Aujourd'hui diocèse de Châlons-sur-Marne.

(2) G 244, 245. Archives de l'Aube.

Jean Macon, verrier et sergent de la justice séculière de l'église de Troyes, 1502 (1), travaille à la cathédrale avec Jean Verrat, dès 1517-1518 et à Saint-Nicolas avec Jean Soudain en 1530-1531.

Jean Rubis travaille à la cathédrale, 1506-1507.

Nicolas Fagot « remet à point les verrières de Saint-Pantaléon, 1519-1520, et travaille à Saint-Jean la même année. — Son fils travaille comme peintre à Saint-Nicolas, 1547-1548 et à Sainte-Madeleine, 1550-1551.

Victor le verrier répare des verrières à Saint-Jean, 1513-1514.

Jean Soudain, « verrier et ouvrier de verrières demourant à Troyes, pour LX panneaulx des hautes verrières de Sainte-Madeleine qu'il a levez pour les replomber et y mettre plusieurs lozanges qu'il a convenu et aussi pour plusieurs verrières rompues et cassées qu'il a refaictes à neuf.., VII l » 1516-1517.

Soudain reçoit en 1523-1524 34 livres 6 s 8 d. pour la moitié de la façon de la verrière de la chapelle Drouyn (2) qui a coûté 68 l. 13 s. 4 d., savoir pour 136 pieds de verre en paincture à 5 sous le pied, 34 livres, pour 88 pieds de verre en bordure à 3 sous 4 deniers le pied, 14 livres 13 sous 4 deniers, pour 160 pieds de verre blanc à 2 sous 6 deniers le pied, 20 livres. Total égal à 68 l, 13 s, 4 d, dont l'évêque paie moitié. » Il pose plus tard à Saint-Nicolas la verrière de Toussaint, répare celles de saint Roch, de saint Claude, de

(1) Compte de l'exécution testamentaire de Louis Budé, 1502.
(2) A la cathédrale.

saint Sébastien, de saint Yves et en refait une « en une fenestre flamanche sur le portail de derrière, » exécute en 1546, la verrière « jouxte l'oteau du costé du petit cloitre sur l'autel St-Antoine (à la cathédrale) pour le prix de celle qu'il avoit faicte sur l'autel de St-Sébastien, 1529, et reçoit 207 livres 3 sous 9 deniers pour 552 pieds et demi de verre qu'il pose dans l'*oteau* (rose du grand portail) de ceste église. » Jean Soudain traite dès 1546 pour faire cette grande rose et l'achève l'année suivante, comme le constatent les registres capitulaires. Ces vitraux, d'une excellente facture, sont consacrés au triomphe du Sauveur autour duquel sont représentés les apôtres et une foule de saints et de saintes dans l'attitude d'adorateurs. Jean Soudain travaillait encore à Saint-Pantaléon en 1523 et à Saint-Jean en 1535 (1).

Jean Cornuat « rabille toutes les verrières tant basses que haultes tant verre painct que blanc » de Sainte-Madeleine, 1502-1503, lève *l'arbre de Jessé* et la verrière Saint-Sébastien et fait les verrières de la cloison de la chapelle neuve de Saint-Jean, 1517-1525.

Aillet Fréminet répare les verrières de Saint-Jean, 1518, et achève celle qui avait été commencée « en la chapelle de la Nativité » à Saint-Jacques-aux-Nonnains. 1521-1522.

Jean Macadré I, neveu de Lyénin I, pose « plusieurs lozanges de verre aux verrières de Saincte-Madeleine »

(1) Un Jean Soudain est cité parmi les maîtres-peintres et sculpteurs de Rouen, en 1507, par M. Ch. Ouin-Lacroix dans son *Histoire des corporations*, p. 248.

1519, refait « deux verrières en la dicte église l'une de l'*arbre de Jessé* et l'aultre de l'*Invention de la croix*, lesquelles estoient fort endommaigées » 1521. Ce peintre-verrier avait remplacé son oncle Lyénin à Sens et travaillé dès 1502 avec Jean Verrat et Balthazar Godon. Ses descendants ont décoré beaucoup d'églises de leurs belles productions et acquirent une brillante réputation dont parlent tous nos historiens.

Jean Coruyoux pose un panneau « en la verrière *l'arche de Noé* à Saint-Jean, 1519-1520.

Semilliard dans ses notes rapporte ce qui suit:

« Nicolas Cordonnier dit le peintre, demeurant à Troyes en la grant rue a fait la vitre des orfèvres qui est à Sainte-Madeleine dans la chapelle de saint Eloy et a eu la somme de 30 livres pour son salaire et encore la somme de 10 livres de récompense, et son serviteur a eu pour son vin la somme de 15 sous » (1) Très-maltraités et depuis longtemps cachés par un rétable en menuiserie, la plupart des épisodes de la légende de saint Eloi, viennent d'être remis dans leur état originaire par M. Vincent Larcher qui a su si bien s'inspirer de son modèle qu'il est complètement impossible de distinguer les parties neuves des parties anciennes. Mais il parait que Remi Breyer auquel Sémilliard a emprunté le paragraphe précédent a commis une erreur et que la verrière de saint Eloi aurait été faite en 1506 comme le prouvent les vers suivants au bas de la verrière:

(1) Troyes depuis le ve siècle jusqu'au xviiie, in-4. 1854, p. 18.

Les orfèvres l'ont fait faire en l'honneur de saint Eloi.
Priez Jésus d'amour entière que vray pardon il leur offroy.
Que la paix de Dieu leur soit faite pour ce bienfait en Paradis.
Cette verrière a été faite l'an mil cinq cents et six.

On ne peut également l'attribuer à Nicolas Cordonnier, car les registres des paroisses ne citent cet artiste et ses enfants que comme des peintres et des ornemanistes. (1) Elle appartiendrait plutôt à Jean Macadré, neveu de Lyénin, qui refit les deux verrières *l'arbre de Jessé* et *l'Invention de la croix* dans la même église.

Gervais Picart « racoustre la verrière du pignon du portail du costé du cimetière » Sainte-Madeleine, 1523.

Gauthier est cité dans le registre de St-Jacques, 1529-1531, parce que sa femme fit un don en mourant à cette église.

Martin II, verrier, probablement parent de Pierre le verrier, répare les verrières de Notre-Dame-aux Nonnains, 1530.

Louis Brissart travaille à la cathédrale, 1534-1535.

François Aillet, verrier, « demourant Grant-Rue près St-Urbain » est désigné dès 1546 dans les registres de cette église.

Pierre Macon travaille à Sainte-Madeleine, 1530, à Saint-Nicolas, 1532, à Saint-Jean, 1545, et à Saint-Pantaléon, 1552.

Nicolas Boulanger est cité dans un registre de Saint-Pantaléon, 1552.

(1) Il est certain que beaucoup d'artistes, comme Jean Cousin de Soucy, près Sens, étaient à cette époque tout à la fois architectes, sculpteurs, écrivains, peintres à l'huile et peintres-verriers, mais aucun document n'accorde ces différents genres aux Cordonnier.

Jean Macadré II refait les verrières de la chapelle de la couronne à Saint-Jean et « racoutre celle de la chapelle où est l'*hystoire de l'apocalypse*, 1549-1550. La *Chapelle de la couronne* devait être celle où l'on voyait alors la verrière qui rappelait le sacre de Louis le Bègue par le pape Jean VIII. S'il faut en croire certain marguillier, cette imposante cérémonie aurait eu lieu le 7 septembre 878, au milieu même d'un concile auquel le Souverain Pontife assistait avec une foule de prélats. Mais les documents nous manquent pour justifier cette assertion. Il est probable que cette opinion ne prit quelque consistance qu'après la cérémonie du mariage de Henri V, roi d'Angleterre et de Catherine de France qui fut célébré le 2 juin 1420, dans cette église, comme le rapportent les chroniqueurs de ce temps (1).

La verrière de la couronne « entretenue avec soin par les paroissiens, fut transportée lors du grattage de l'église en 1722, vis-à-vis la chaire, afin qu'elle fût plus en vue. » Exécuté depuis quelques années par M. Lévêque de Beauvais et placé également en face de la chaire, le sacre de Louis le Bègue par le pape Jean VIII constate malheureusement un fait apocryphe, car Louis le Bègue sacré dans la cathédrale n'eut point l'honneur de voir des pairs ecclésiastiques et des pairs laïques.

Jean Macadré II *le jeune*, verrier, habitait « une mai-

(1) Comptes de la fabrique de l'église Saint-Jean de Troyes, in-8, 1855, p. 36.

son, *grant rue*, en laquelle pendait pour enseigne le *nom de Jésus*, près Saint-Urbain, 1546-1547.

François Pothier « racoustre une verrière de la chapelle des Tanneurs à St-Jean, 1549-1550, et refait une haute verrière du chœur à Saint-Jacques-aux-Nonnains, 1564.

Michel Marcassin travaille à Saint-Pantaléon, 1556.

Pierre Marcassin visite les verrières de Sainte-Madeleine, 1557, « racoustre toutes celles de Saint-Remy, refait la verrière des papetiers qui fut remise à neuf, 1570, répare la verrière près le clocher, met une bordure en la verrière *Notre-Dame de pitié*, et en celle du *Jugement*, une pièce painte en la verrière ronde de la grande porte et plusieurs panneaulx à celle des fonts de la même église, » 1583.

Simon d'Arzillières, verrier, 1562 (1). »

Pierre Soudain II lève, nettoie, et « racoustre les deux verrières où sont les *hystoires de Daniel* et la vie de *Sainte-Barbe*, fait quatre panneaulx de verre neuf sur la croisée du grant portail, refait la verrière du *Baptesme* et du *Jugement de Salomon*, répare la verrière de *l'Annunciation*, racoustre celle de Jean Claudin, fait un grant panneau à la verrière Saint-Jean près les fonts, met plusieurs pièces tant blanches que peintes, relève et rassied toutes les verrières de la maison du *Monde renversé*. (2)

(1) *Le Protestantisme en Champagne*, par Recordon, p. 113.

(2) Ainsi appelée du nom de son enseigne. Cette maison située rue des Buchettes appartenait à l'église Saint-Jean où travailla Pierre II Soudain.

Jacques Macon travaille à la cathédrale, 1562-1573, avec Bernard Pasquot.

Pierre Lambert travaille à Sainte-Madeleine, 1548-1550, à Saint-Pantaléon, 1556, et à Saint-Nicolas, 1578, où il met « quinze panneaux aux verrières de Notre-Dame, de St-Yves, de Tobie et du mont Calvaire.

Pierre Macadré II (1) répare les verrières « d'au-dessus la porte de la rue du Bois et d'alentour le chœur de Sainte-Madeleine, 1577, et travaille à Saint-Pantaléon.

Philippe Lelong fournit « ung grand panneau de verre en couleur au lieu d'un blanc auquel est l'ymage de sainct Pierre portant quatre pieds en hauteur et quatre en largeur, » 1579-1580, et travaille « à la dernière verrière de la nef des vostes d'en haut à la chapelle de Drouyn (2) 1583.

Edme Lacaille, verrier, « racoustre les verrières de Saint-Remy, sçavoir celle de *l'Apocalipse*, celle de dessus le grand hostel tant bas que hault, celle de la la chapelle de la Croix en la nef tant bas que hault, 1585.

Nicolas Isambert travaille à Saint-Jean, 1584, et répare la même année une verrière au portail de Saint-Jacques-aux-Nonnains.

XVIIe SIÈCLE

Toussaint Audiger reçoit en 1603 « la somme de 6

(1) Le registre 16 G 50 constate l'existence d'un Pierre Macadré, verrier, dès 1521.

(2) Comptes de l'œuvre de l'église de Troyes, 1579-1583.

livres pour avoir parfaict toutes les verrières de l'église (1) (Sainte-Savine près Troyes), fournit à Saint Remi » deux pièces de verre peint rapportées aux images, l'une de la *Résurrection* au portail, et l'autre au *Crucifiement* de la chapelle de la croix, « relève un panneau de la verrière au devant de l'hostel saint Nicolas », 1604-1606 et refait « la verrière des tixerants de draps avec des pièces en trois autres verrières » à Saint-Nizier, 1606.

Monsieur Arnaud prétend que Nicolas Cordonnier se qualifiait du titre de *painctre-verrier*, mais nous croyons que les Cordonnier ne s'occupaient que de peinture sur bois, comme le constatent les registres de Sainte-Savine dans lesquels il est dit que Nicolas Cordonnier peignit les images de la Passion et de saint Maur, tandis que Toussaint Audiger travaillait aux verrières.

Charles Verrat, « painctre et verrier » descendant probablement de Jean Verrat, répare à Saint-Nicolas les verrières de St-Claude, de Notre-Dame, de saint Yves, de Tobie et du Mont-Calvaire, 1587, fournit à la cathédrale plusieurs pièces de couleur et fait « plusieurs hystoires neuves à la façon de celles qui y estoient auparavant », 1594-1595 (2).

(1) *Voyage archéologique dans le département de l'Aube*, p. 71. L'auteur a lu *Rudiger* pour *Audiger*, comme le prouvent les registres de Saint Nizier et de Saint-Remi de la même époque.

(2) Comptes de l'œuvre de l'église de Troyes, 1594-1595. Jean Charles Verrat paraît dès 1598 à Saint-Pantaléon où il pose « dix pièces de peinture. »

Jean Macadré III repeint à Saint-Jean « des pièces cassées en la verrière derrière la chaire du prédicateur où est *l'histoire du Jugement de Salomon* et racoustre celle de derrière les orgues où est *l'histoire de sainte Croix,* » 1592-1593, refait à Saint-Nicolas le rond de la verrière de dessus la grande porte qui est un *lapidement*, 1597, répare à Sainte-Madeleine la verrière de sainte Madeleine, démonte et remonte à Saint-Nizier dix-huit panneaux de la verrière de la chapelle des Foulons, 1607, refait « plusieurs panneaux des verrières au-dessus du grand autel à droite, la grande verrière de la chapelle sainte Anne, celle de M. le curé, (1) celle où est painct St-Nicolas, celle de la chapelle St-Pierre et la chapelle aux Tixerants de thoilles » 1613.

Nicolas Macadré « fait pour la grant part la verrière de dessus le petit portail de la rue-Moyenne, et relève la verrière de dessus les orgues de Saint-Jean, 1593, travaille dans la même église avec Jean Macadré à la verrière de *St-Julien*, et à saint Jacques-aux-Nonnains avec Linard Gonthier.

Les Macadré ont travaillé dans toutes les églises de Troyes et dans la plupart de celles du diocèse. Jean III réparait en 1581 les verrières du chœur de Sainte

(1) Avant l'emplacement des nouvelles orgues en 1727, on lisait sur une des vitres de Saint-Nizier au-dessus de la principale porte :

Me Odart Moslé, curé de céans et chanoine de Saint-Pierre de Troyes, a fait faire ces trois verrières avec la peinture et escritures qui y sont pour servir de catéchisme et instruction au peuple. » *Almanach de la ville et du diocèse de Troyes*, 1707.

Syre (1) dont l'entretien appartenait au chapitre de la cathédrale. Nicolas exécuta la verrière de saint Etienne pour la collégiale fondée par le comte Henri le Libéral. (2) Pierre peignit les grisailles que le cardinal de Richelieu admirait à Saint-Pantaléon. Des Macadré reposent, dit-on, près la chapelle saint Roch à Saint-Jean. (3)

Linard Gonthier, « peintre verrier, a éclaté dans cette ville de Troyes par les beaux ouvrages qu'il a faits et qu'on voit dans plusieurs églises comme à Saint-Etienne dans la vitre du martyre dudit saint, dans la bibliothèque des Jacobins et dans l'hôtel des Arquebuses. » (4) A cet éloge que lui accorde Michel Sémilliard, nous nous permettrons d'ajouter que cet habile artiste orna de ses tableaux la plupart des églises de Troyes et du diocèse, et qu'il mérita le titre de *maistre paincre-verrier* qu'il prenait dans ses actes.

Linard Gonthier travaillait à la cathédrale dès 1596. (5) Les comptes de l'œuvre contiennent presque chaque année jusqu'en 1640, le total des sommes qui lui étaient versées pour des réparations ou de nouvelles verrières. Parmi les vitraux dont il décora la cathédrale, nous citerons surtout le magnifique vitrail qui représente

(1) Eglise située dans le canton de Méry-sur-Seine.

(2) Grosley, Mémoires historiques, T. II, p. 283.

(3) Les peintres-verriers de Troyes. *Annales archéologiques*, T. XVIII, p. 140.

(4) Troyes depuis le ve siècle jusqu'au xviiie, p. 28.

(5) *Les archives de l'art français* citent un tableau qu'il exécuta cette année pour une défunte et qui fut mis dans l'église Saint-Jean près de la chaire. T. IV, p. 94.

la parabole du *Pressoir* et qui porte la date de 1625. (1) Les couleurs des draperies sont belles, vives et d'un ton très-vigoureux. La figure du Sauveur dont le sang jaillit dans un calice d'or semble digne du pinceau d'un habile maître, comme celle du chanoine Jean Pineau, donateur du vitrail.

Linard Gonthier remet les verrières du trésor et fournit des losanges à Saint-Remi, 1600, — relève six panneaux en la verrière St-Claude, 1606, « racoustre le rond de la verrière de derrière les orgues et la verrière où est paint St-François, fait deux visages aux personnages de la verrière de Gabriel..... et Jean Genson et autres pièces aux verrières du portail, 1606-1641, — exécute les verrières du *Jugement de Salomon* et de l'*arbre de Jessé* à Sainte-Maure aux frais du prieur Thévignon, (2) — la magnifique grisaille le *combat spirituel du chrétien* de la première chapelle à droite de la nef de Pont Sainte-Marie (3), — répare les verrières de Saint-Jean « où il en fait une à neuf au ciboire, (4) » — travaille à Saint-André près Troyes, — exécute pour Saint-Etienne en 1624, un vitrail représentant la Vierge entourée des *attributs des litanies* et la verrière du martyre de Saint-Etienne et restaure les verrières de Sainte-Savine représen-

(1) Chapelle saint Fiacre. Son authenticité est constatée par un dessin lavé de cette composition, signé de Linard Gonthier lui-même. *Voyage archéologique*. p. 72 et 153.

(2) *Mémoires sur Sainte-Maure*, par Audra, ms. 2297, biblioth. de Troyes.

(3) *Voyage archéologique*, p. 112.

(4) Comptes de la fabrique de Saint-Jean, p. 34,

tant la *Transfiguration*, la *légende de la croix*, la *création*, la *vie de sainte Marguerite*, l'*arbre de Jessé*..., pour la somme de soixante livres, 1628. (1)

Linard Gonthier, a encore laissé des traces certaines de ses œuvres à Saint-Martin-ès-vignes, à Rumilly-les-Vaudes, (2) à Dienville, (3) et dans beaucoup d'autres localités. Cet habile artiste séjourna même quelque temps à Dienville dans une maison de la rue de Brienne et peignit pour l'église de cette petite cité la *création du monde, la prévarication d'Adam, l'arbre de Jessé, la conversion de Constantin* et d'autres sujets qui se retrouvent dans plusieurs églises de Troyes. Mais ce qu'on peut encore admirer, ce sont surtout les verrières qu'il fit pour l'hôtel des arquebuses et qui sont maintenant exposées aux fenêtres de la bibliothèque de Troyes. Henri IV et Louis XIII ont fourni les sujets de ces verrières dont quelques unes mériteraient plutôt le nom de miniatures sur verre, tant l'exécution en est finie, spirituelle et minutieuse, sans qu'elle fasse perdre à l'ensemble son caractère décoratif. Les touristes vantent surtout la bataille d'Ivry qu'ils regardent comme un chef-d'œuvre de composition et d'exécution. (4)

(1) *Voyage archéologique*, p. 71. Linard Gonthier, dans un mémoire estimatif, nous apprend qu'il peignit 36 panneaux et en releva 63.

(2) *Archives historiques du département de l'Aube*, par Vallet de Viriville, p. 315.

(3) *Quelques seigneuries au Vallage*, par l'abbé Caulin, in-8, 1867, p. 155.

(4) *Troyes et ses environs*, par Amédée Aufauvre, p. 210.

Linard Gonthier travailla encore à St-Jacques et à St-Pantaléon, refit la verrière de M. Galère, avec deux pièces d'une autre verrière à St-Nizier, 1606, — restaura la verrière de devant la chapelle Notre-Dame de Liesse, 1617, — releva trois panneaux de la verrière Saint-Yves à Saint-Nicolas et y mit plusienrs pièces, 1596-1597, et répara la rose au-dessus du Mont de Calvaire, 1638-1639. (1)

Cet artiste accompagnait presque toujours sa signature d'un masque ou face humaine croquée à la plume, au lieu de paraphe. Quoique artiste, il n'en posait pas moins de simples verres dans les bâtiments du collége de Troyes et dans beaucoup de maisons de cette ville.

Jean Gonthier, parent de Linard Gonthier, reçoit en 1639, des marguilliers de Sainte-Savine 18 livres « pour avoir fait plusieurs piesses painctes et relevé plusieurs pagneaux aux verrières, (2) — travaille avec Linard à St-Jean en 1642, et présente un mémoire de ce qu'il a fait de son métier de vitrier pour Messieurs les vénérables de St-Etienne de Troyes, 1646-1648. (3)

(1) Il paraît que les réjouissances causaient à cette dernière église quelque dégat, car dans le compte de 1628 nous lisons : « Payé aux hommes qui chargent le canon et pour le tourner de telle sorte qu'il ne puisse préjudicier à l'église et affin de le peu charger pour l'entrée du roy [Louis XIII]. »

(2) *Voyage archéol.*, p. 71.

(3) Un artiste de Troyes possédait encore au temps de M. Le Viel « un manuscrit des Gonthier tant pour peindre le verre de toutes couleurs que pour la recuisson des verres peints et empêcher qu'ils ne cassent au four-

Pierre Michelin, verrier dès 1579 à St-Jacques, « racoustre une verrière au-dessus de l'autel où l'on chante la messe des imprimeurs et libraires. »

Louis Michelin, verrier, « remet un panneau en la chapelle des imprimeurs » dans la même église, 1613.

PHILIPPE MICHELIN travaille avec Jean Macadré à Sainte-Madeleine dès 1618.

Etienne Clément et

Etienne Jubrien, « mestres peintres-verriers à Troyes, confessent avoir reçu des marguilliers de Sainte-Savine la somme de 36 livres pour avoir relevé unze panneaulx de vitre en ladite église auxquelz a esté mis quantité de plomb, les avoir souldé et y avoir fourny plusieurs piesses de verre tant painct que blanc. (1)

Jean Lauchereau ou Lothereau exécute en 1636 quelques unes des verrières de St-Pantaléon de Troyes et de l'église de Bar-sur-Seine, (2) et retient toute la verrière de *Saint-Jean* à Saint-Nizier, 1616-1617.

Timothée Pisset répare des verrières à Saint-Jean, 1619-1625 (3).

François Baille ou **Baillet** remet « des pièces de

neau. » *Essai historique et descriptif sur la peinture sur verre*, par Langlois, in-8. Rouen, 1832, p. 220. Il est probable que Jean Gonthier était le fils de Linard, et que celui-ci eut un autre fils du prénom de Linard qui travaillait dès 1625.

(1) *Voyage archéologique*, p. 71.

(2) Grosley, *Mémoires historiques*, t. 2, p. 323. — *Voyage archéol.*, p. 102.

(3) Comptes de la fabrique de l'église Saint-Jean, p. 34.

couleur à la vistre de la chapelle Nostre-Dame à Sainte-Madeleine et travaille à Saint-Pantaléon avec *François Clément* et *Edme Couppel.*

Blondel travaille à Saint-Martin-ès-Vignes. 1640. (1)

Nicolas Hudot travaille à Saint-Martin et à Saint-Pantaléon vers 1640. (2)

Jean Barbarat, simple vitrier, travaille à St-Nizier, à St-Pantaléon et à St-Nicolas, vers 1650.

Antoine Cocbot travaille à St-Pantaléon, 1652-1689.

Pierre Masson répare des verrières à Saint-Nicolas, 1668.

Jacques Clément l'aîné et

Jacques Clément le jeune « peintres et vitriers demeurant à Troyes, refont à neuf de verre de Lorraine blanc à lozange trois vitres du côté de la grand rue en l'une desquelles estoit représentée la *Nativité Nostre-Seigneur* et en une autre *Attila* peint en grisaille. Les dits peintres ont fourni tout le verre et garni les vitres de bordures peintes, » 1685. (3)

La verrière de saint Loup et d'Attila provenait de la libéralité de Denis Clérée, maire de Troyes, qui l'avait fait poser en 1570. (4)

Les registres ne citent plus que de simples vitriers

(1) *Congrès archéologique tenu à Troyes* en 1853, p. 153.

(2) Les registres de Saint-Nicolas citent Nicolas Hudé ou Huré dès 1618. Il refait avec François Clément « la rose cassée et brisée par la gresle, et relève deux panneaux en la vitre de l'hostel Saint-Jullien », 1643-1644.

(3) *Comptes de la fabrique de l'église Saint-Jean*, p. 34.

(4) *Troyes depuis le* v[e] *siècle jusqu'au* XVIIIe, p. 25

chargés de remplacer des verres de couleur par du verre blanc, comme cela se pratiquait dans nos majestueuses cathédrales à cette époque de décadence où l'on se permettait d'abattre les jubés et de dégrader d'élégants chapiteaux.

Pour juger de la décadence de la peinture sur verre, il suffit de jeter les yeux sur les vitraux de Saint-Pantaléon qui portent une date postérieure à 1650.

Plus sérieux, le XIXe siècle a rencontré de dignes émules des Macadré et des Gonthier, comme le prouvent les verrières faites ou restaurées par M. Vincent Larcher (1). Mais si l'art devient marchand, il est à craindre que nos églises ne s'ornent trop souvent que de figures plus ou moins grotesques. Il serait temps que la peinture sur verre qui paraît avoir pris naissance chez nos bons aïeux reconquît son antique renommée. Espérons qu'à l'aide de l'instruction nous finirons par comprendre que, pour avoir de véritables verrières, il ne suffit point de payer tant par mètre carré, mais de recourir surtout à des hommes habiles dont les œuvres sont déjà connues (2).

II.

PEINTRES

Les comptes de l'œuvre de l'église de Troyes ne citent au XIVe siècle que les noms suivants :

(1) Cathédrale, Sainte-Madeleine, Saint-Martin, etc.

(2) Note communiquée par M. Emile Babouot, peintre-verrier à Paris.

Guillaume, 1366-1367.

Radulphus, id.

Gilet, *le pointre*, qui vérifie avec d'autres l'ouvrage de Jean Damery, le peintre-verrier, 1378.

Denizot qui repeint l'horloge et refait les « ymaiges des heures, » 1379-1391.

Gautier *le pointre*, qui marchande le cincenier, (1) fait la moitié du travail et part pour l'Aragon, 1383-1384. (2)

Jean de Dijon qui termine le travail, id.

Le XIVe siècle ne nous a conservé que ces six noms parce que les registres de la cathédrale ont été détruits et que ceux des paroisses ne commencent qu'au siècle suivant, mais dès 1410, les noms deviennent plus nombreux et nous prouvent qu'à Troyes les beaux-arts étaient honorés et cultivés.

Rasset peint les châsses de la cathédrale, 1411-1420 et travaille à Sainte-Madeleine, peut-être avec Jacquinot auquel on attribue un compagnon.

Jacquet de Valenciennes, *painctre*, blanchit et peint « la grant table basse devant le grant autel, fait les hystoires qu'il faut de bonne peinture et suffisante » à Sainte-Madeleine, 1411-1416.

Gillequin peint les orgues de la cathédrale, 1420. et repeint le visage de l'image Sainte-Madeleine à Sainte-Madeleine. 1428-1436.

(1) *Cincenier*, baldaquin, dais.

(2) On sait qu'un certain Jacques de Troyes décora vers 1335 plusieurs églises d'Espagne. Il est probable que ce Gautier fut appelé par quelque compatriote au-delà des Pyrénées.

Perrinot Lopin entreprend des travaux à la cathédrale et perd une assez belle somme.

Jean de Savoie est appelé comme expert pour vérifier l'ouvrage de Lopin qu'il déclare valable, 1414-1415.

Jeannin travaille à la cathédrale, à Sainte-Madeleine et à Saint-Jean, 1439-1450.

Nicolas, frère de Jean Simon (de Bar-sur-Aube) travaille à la cathédrale, 1448-1449.

Jacquet Cordonnier redore et répare « une ymaige de Nostre-Dame » et repeint « les ymaiges estant en deux des tableaux faisant parement aux bons jours(1) » à Sainte-Madeleine, 1457-1458 (2).

Son fils redore la croix du grand clocher de la cathédrale, peint l'enseigne de *la Hache* et celle de sainte Mathie, (3) 1488, — travaille au tabernacle semé de fleurs de lis et d'étoiles dorées d'or fin à Saint-Etienne 1489 et peint les armes de France sur l'écusson sculpté en pierre comme complément de l'ornementation du grand pignon de la cathédrale, 1492.

Nicolas Hubin travaille à la cathédrale, 1479-1481.

Jean Copain peint le saint Michel du grand pignon de la cathédrale, 1492-1493, peint et dore « les ymaiges

(1) *Bons jours*, principales fêtes comme Pâques, la Pentecôte, etc.

(2) Jacquet fit encore le patron de la vie de Sainte-Madeleine qui devait servir à Thibaut Clément pour faire la belle tapisserie qui décora longtemps le chœur de la même église aux fêtes principales. Les tapisseries formaient jadis, comme on le sait, un des grands moyens de décoration des édifices civils et religieux. Chaque église en possédait au moins une représentant la vie du saint patron ou de la sainte patronne.

(3) Hôtels dont la propriété appartenait au chapitre de la cathédrale.

et les voûtes « à St-Pantaléon, 1509-1510, et « argente et peint le chef de Mons. St-Loup » à Ste-Madeleine, 1511-1514.

Guillemin Passot « fait la pourtraicture de la verrière de devant l'hostel de Monseig. de Lirey à Sainte-Madeleine, 1495-1496 (1).

Jean Baudrier « painctre » peint « les ymaiges et le portail » de Saint-Jacques aux-Nonnains (2), 1493-1495.

Nicolas Cordonnier I, fils de Jacquet le painctre, peint plusieurs voûtes de la cathédrale, et le « petit reloge de bonnes painctures et riches, » 1496-1497, fait « en 1504-1505, des patrons au petit pied selon lequel les verriers doivent faire les verrières de la croisée, peint sept ymaiges pour sept autels, exécute douze pièces de patrons de la vie de saincte Marguerite (3), pour le pied de ladicte saincte pour envoyer à la ville de Limoges pour faire esmaulx sur iceulx patrons, » 1527, (4) — fait les tableaux représentant les saincts lieux selon les dessins de Michel Oudin rap-

(1) M. de Lirey avait probablement fait exécuter des travaux à ses frais dans l'église de sa paroisse.

(2) Désigné quelquefois sous le nom de Saint-Jacques *au beau portail*.

(3) Le reliquaire de sainte Marguerite était porté auprès des malades. Un tronc placé au bas de ce reliquaire était destiné à recevoir les offrandes *Comptes de l'œuvre de l'église de Troyes*, in-8, 1855, p. 22.

(4) Cette même année Jean Robert enluminait « une hystoire avec une vignette et lettres d'or en ung tableau ouquel est contenue la fondation (de la cathédrale) qui est assis en ung piller devant l'autel ouquel on met les reliques... à cause que le vieil tableau c'est assavoir lescripture estant en icelluy estoit si ancienne que a grant peine, y povoit l'on congnoistre aucune chose », 1527-1528, fol. 207. Archives de l'Aube, 7 fr.

portésdans ses voyages (1), — travaille aux décorations de l'entrée de Louis XII à Troyes, — fait le pourtraict de la tour Sainte-Madeleine, 1530, — travaille au mont Calvaire à Saint-Nicolas et peint la table donnée par Michel Oudin, » 1534.

Les tableaux n'étaient point rares à Troyes à cette époque, car dans l'inventaire de Guillaume Lesguisé, chanoine de la cathédrale, mort en 1482 (2), nous en avons extrait ce qui suit :

Item ung tableau painct de paincture ouquel est l'ymage Nostre-Dame et les trois roys prisé xx s... vendu xx s.

Item ung autre tableau de pareille couleur ouquel est l'ymage saincte Katherine, prisé x s.

Item ung autre tableau de pareille couleur ouquel est l'ymage de la Magdeleine, prisé x s.

Item ung tableau ouquel est l'ymage de madame saincte Syre et de plusieurs pèlerins, (3) prisé x s. vendu xv s.

Item ung tableau de bois ouquel a une Annunciation N.-D. entaillée, prisé avec le chassis xx s, vendu xv s.

Item ung vieil tableau painct ouquel a ung ymaige

(1) Ce Michel Oudin avait fait le voyage de la Palestine et rapporté le plan du Calvaire et du saint Sépulcre. Son manteau et son chapeau de pèlerin, suspendus à la porte du sépulcre construit à Saint-Nicolas, y existaient encore vers 1735. *Topographie de la ville et du diocèse de Troyes*. T. II, p. 335. Grosley, *Troyens célèbres*. T. II p. 271.

(2) Archives de l'Aube.

(3) Sainte du diocèse de Troyes au tombeau de laquelle accouraient de nombreux pèlerins jusqu'en 1789.

de saincte Syre, ung de S.-Savinian (1) et ung ymaige d'un mort. prisé v s... »

Guy de Mergey, chanoine de la cathédrale, mort en 1543, possédait plus de tableaux que Guillaume Lesguisé comme le prouve la liste suivante :

Item ung tableau de toille enchassé en bois ouquel est painct l'Annunciation, prisé xv s.

Item ung tableau ouquel est l'éphigie de monsieur d'Aucerre, prisé xv s. (2)

Item ung petit pan de toille painct estant au manteau de la cheminée, prisé II s. vi d.

Item ung petit drappelet ouquel est painct une femme, prisé II s. vi d.

Item une petite ymage Nostre-Dame de bois paincte et dorée, prisée x s.

Item ung autre pan de toille ouquel sont painctz ung homme et une femme, prisé x s.

Item ung autre pan de toille ouquel est painct une Nostre-Dame tenant son enfant, enchassé en bois, prisé x s.

Item ung autre pan de toille ouquel est painct Loth et ses deux filles, prisé vii s. vi d.

Item ung autre petit tableau de bois ouquel est painct le roy Saul.

Item deux grants pans de papier paints contenant la Passion et la destruction de Jhérusalem, prisés ensemble, v sous.

(1) Martyr du diocèse de Troyes mis dans un tombeau que fit, dit-on, construire sainte Syre et auprès duquel de nombreux miracles furent opérés.

(2) Portrait de l'évêque d'Auxerre.

Item ung tableau de bois ouquel est attaché une quarte contenant la description pour l'intelligence du vieil et nouvel Testament, prisé XII s VI d.

Item ung autre tableau de bois contenant la description de Gaule, prisé VIII s IIII d.

Item ung autre tableau de bois contenant le *molin des asnes hérétiques*, (1) prisé V s.

Item ung autre tableau de papier doublé de toille, enchassé de bois, contenant la déclaration de la briefveté de la vye humaine, prisé V s.

Item ung autre tableau contenant la description de tout le monde, prisé IIII s II d.

Item ung autre tableau contenant la quarte d'Ytalie, prisé IV s 11 d.

Item ung autre tableau contenant les ephigies de plusieurs personnaiges prisé avec ung autre pareil tableau, prisé XV s.

Item ung pan de toille enchassé en bois ouquel est painct une femme nue, tenant une teste de mort, prisé, X s.

Item ung pan de toille ouquel est painct une Nostre-Dame, tenant son enfant avec Joseph, le dict pan enchassé en bois, prisé XV s.

Item ung autre petit pan de toille ouquel est painct ung lancequenet et une lancequenette aussi enchassé en bois, prisé V s.

Item ung pan de toille ouquel est painct une bergerie, prisé X s.

(1) Caricature contre les Luthériens.

Item ung autre pan de toille ouquel est painct une fontaine, ung homme et une femme saulvaige avec plusieurs enfans nudz et de la verdure, prisé x s (1)

Jacques Garonot peint « les hystoires du baptesme N.-S. et la décollation de St-Jean-Baptiste » à St-Jean, 1512-1513.

Mathurin Macquart travaille à la cathédrale, 1518-1519.

Pierre Copain repeint et répare « les ymaiges de St-Maur et de St-Lié, à St-Jean » 1517, et peint « de diverses couleurs le St-Pierre et le St-Michel estans devers le cimetière » à Sainte-Madeleine.

Jean Briois « fait de papier blanc et noir ung Dieu pour l'estanfiche du principal portail, deux saincts Pierre et ung sainct Paul pour iceulx monstrer à Mess. pour savoir s'ils seroient bons patrons pour sur iceulx faire les ymaiges (2) de la grandeur que les convient pour les portaulx, » 1517-1518, peint l'image de sainte Catherine en la chapelle sainte Marguerite à la cathédrale et fait l'année précédente un pourtraict sur une chape de Saint-Pierre pour en faire faire à Lyon une pareille » pour l'église Sainte-Madeleine.

Jacques Baschot, *painctre*, fait le patron d'un reliquaire de Saint-Pantaléon, 1519, et peint la Notre-Dame de la grande voûte.

Edme Gentilz peint « les clefs et les écussons » sculptés par Jean Cornalle à la cathédrale, 1521-1522.

(1) Archives de l'Aube. Les *Heures* imprimées chez Lecoq sont désignées dans cet inventaire et prisées quelques sous.

(2) Statues faites par Nicolas Halluin.

Antoine Moreau peint et dore la croix du grand portail et les ymaiges sur le grant autel » à Saint-Jean, 1526-1535.

Guyon Cautelle peint la table de l'autel des trépassés à St-Jean, 1526-1527.

Parceval Blampignon travaille à Saint-Nicolas et à Sainte-Madeleine, 1525-1527 (1).

Jacques Cochin, peintre, dominotier et marchand d'images, travaille à Saint-Nicolas où il peint la Notre-Dame de la grande voûte, 1532-1534, et les ymaiges de la chapelle de Toussaint.

Michel Thays repeint les images de St-Jacques et de St-Philippe restaurés par Nicolas le Flamant, 1536, — fait les patrons « pour le parement des trespassez du grand autel, peint dix clefs et les dore d'or fin et fait le pourtrait pour la verrière de *l'outeau* vers la volte du grand portail » de la cathédrale, 1546-1547. (2)

Grand Gérard, *painctre*, fait « le pourtraict (3) de la verrière de Toussaintz à Saint-Nicolas, » 1533.

Petit Gérard fait le patron de la verrière St-Claude à Saint-Nicolas et « l'ordonnance des ymaiges de la chapelle de Toussaintz. »

Louis Pocheux, « *peinturier* de son métier, peint et

(1) Un Nicolas Blampignon travaillait en qualité de peintre à Fontainebleau, sous les ordres du Primatice. Note communiquée par M. Natalis Rondot.

(2) Cet artiste peignit encore cinq clefs des voûtes du chœur de Saint-Etienne, des hystoires sur le grand autel de Saint-Jean et dessinait, comme on l'a vu, pour les peintres-verriers.

(3) Carton de la verrière.

redore les platsfonds de la Belle-Croix en or fin, » 1541 (1).

Louis Potier. peintre, demeurant rue Moyenne, peint les images et le grand autel à St-Nicolas, 1536, et travaille à la cathédrale et à St-Jean, 1547.

Dominique Potier dore et peint la table du grand autel de Saint-Pantaléon.

Le registre 14 G 17 de Saint-Jacques constate l'existence à Troyes d'un Jean Chalette en 1560. Serait-ce un parent de Jean Chalette dont les travaux à Toulouse nous ont été révélés par M. Roschach dans les Mémoires de la société académique de l'Aube?

Jean Potier peint la table de St-Yves à St-Nicolas, enrichit d'or et d'azur le ciboire, 1551, peint une petite sainte Marguerite, un petit baptême près des fonts et un saint Lambert fait de bois près le ciboire à Saint-Jean.

Pierre Potier, demeurant *grand rue*, écrit et peint les commandements de Dieu et de l'Eglise mis devant le jubé à St-Jean, 1558.

Nicolas et Eustache Potier, habitant la grande rue près St-Urbain, travaillent (2) dans la même église, et à Sainte-Madeleine, 1563-1570.

Jacques Passot I peint le trépassement de Notre-Dame, à la cathédrale, 1561, les images de F. Gentilz à Sainte-Madeleine, 1557, et la table de Toussaint

(1) Cette croix fut élevée en 1495 près Saint-Jean, sur la place de l'Hôtel-de-Ville. *Voyage archéol.*, p. 73.

(2) Archives de l'art français, t. V, p. 285

à Saint-Nicolas et le crucifix du tronc du portail de Saint-Jacques, 1580.

Pierre Thays, peintre, 1562. (1)

Eustache Planson « peint le crucifix et le baptesme et les autres ymaiges qui sont au-dessus leaubenoistier de l'église, les clefs des hautes et basses voltes et les croix des piliers de la vieille nef, ung ymage de saint Jean taillé par F. Gentilz à Saint-Jean, 1559-1570.

Girard Douge peint les voûtes du chœur de St-André près Troyes.

Jean Caillet travaille à la cathédrale, 1563.

Martin de Bures id. 1565, catholique ardent, contribue surtout au massacre des protestants (2).

Nicolas Cordonnier II peint et dore « le ciel de la chaire du prédicateur et y met le baptesme de St-Jean, ung Jesus et une Marie, » 1583. — repeint les ymages et le crucifix du jubé à Saint-Jean, 1585, peint les ymaiges de l'Annunciation, de saint Jean et de Notre-Dame au portail » 1590, « le saint Jean et le saint Edme qui sont sur l'autel saint Jean à Saint-Rémi, 1600.

Les Cordonnier ont travaillé dans toutes les églises comme peintres et ornemanistes. Ce dernier fournissait chaque année à Saint-Jacques, des chapeaux de lierre et de fleurs pour le jour de la fête patronale.

(1) *Le Protestantisme en Champagne*, par Recordon, in-8, 1863, p. 178.

(2) Id., p. 186.

Sa femme Olive Massey, *painturesse*, continue jusqu'à ce que Denis Cordonnier puisse remplacer son mari.

Nicolas Haulmont, peintre et enlumineur, peint « le pilier et le saint ciboire et des hosties d'argent » à St-Nicolas, 1594.

Nicolas Vollier dore le pied où pose l'image de saint Lambert que l'on met sur le bureau à Saint-Jean, 1593.

Gustave Potier « fait deux pourtraicts du baptesme de N.-S. et trois autres pourtraicts pour remplir la cloison du chœur, dore et peint le crucifiement devant le petit portail et les hystoires du preschement de Saint-Jean qui est au-dessus » Saint-Jean, 1595.

Hurant Jean dore « le saint François qui est à la table du grand autel et qui a été donné par M. Dolet, fait le tableau qui est au-dessus de la grande porte de l'église et ung autre petit rond où est painct Dieu le Père et reblanchit l'image de saint Pantaléon, à Saint-Pantaléon, 1594, — peint des clefs de voûtes à Saint-Nicolas et dore deux images au-devant du jubé de Sainte-Madeleine, 1609-1611.

Hurant Jacques peint deux tableaux pour Saint-Pantaléon, 1592, et dore le Dieu qui porte sa croix au mont Calvaire et un saint Nicolas à l'huile pour Saint-Nicolas, 1618.

Manière Antoine travaille à la cathédrale, 1606, et peint le tableau de la Passion de Saint-Pantaléon, 1620.

Vachèr Claude et **Bréon** Paul repeignent « les ymaiges de saint Pierre et de saint Paul et de Notre-Dame qui est derrière le grand autel, » à la cathédrale, 1611-1612. — Vachor peint l'image Notre-Dame de Pitié, à Saint-Nizier, 1649, et raccommode comme sculpteur plusieurs statues à Saint-Remi, 1639.

Passot Jacques, cité dès 1594, peint plusieurs images à Saint-Jean (Notre-Dame, saint Jean et saint François), 1612, recharge de couleur « les sept tableaux des stations du caresme, » à la cathédrale, 1619, enlumine le tableau des prières *pro infirmis* et y peint une image de saint Pierre, 1614, le cadran de l'horloge exécutée par Bolory et reçoit une gratification pour son travail.

Maret peint « les ymages du ciboire » à Saint-Jean, 1618.

Margaley « fait le tableau où sont représentées ensemble sainte Hélène et sainte Mastye, lequel tableau sert le jour du pardon de feste sainte Mastye » à la cathédrale, 1619-1620.

Housset Thomas lave et remet en couleur tous les tableaux de la cathédrale, 1621 1622 (1).

Ninet de l'Estain Jacques travaille à la cathédrale, 1627-1628, peint onze tableaux qui couvraient le rond-point du chœur de Saint-Etienne et fait en 1645 le grand tableau du rétable de la chapelle de la Croix à Saint-Urbain, où les peintres-verriers et les brodeurs avaient fait élever un autel. Saint-Remi possède de cet artiste l'*Adoration de Jésus par les Bergers*

(1) *Les archives de l'art français*, t. I, p. 282, citent N. Bonvallot et Hesnault de Troyes, peintres à Bourges. Le dernier fut même chargé de faire le portrait du roi pour l'Hôtel-de-Ville.

et l'*Assomption*; et Saint-Nizier, la *Mort de la Vierge* et *sa Présentation au Temple.*

Cordonnier Denis peint et dore avec les Passot des voûtes et des culs-de-lampe au-dessus du chœur de Saint-Etienne, 1629, et continue les travaux de son père Nicolas Cordonnier II (1).

Fourche Etienne, *painctre*, repeint « l'image de saint Nizier au-dessus de la porte de la tour, 1634, met un pied et peint l'image de saint Sébastien que l'on met les dimanches sur le bureau de la même église, » 1636, et travaille à Saint-Remi et à Saint-Nicolas, 1641-1644.

Leclerc Dominique répare et peint l'image de saint Hubert à Saint-Nizier, 1653.

Double, peintre, à Saint-Pantaléon, 1656.

Pierre Mignard, de Troyes.

Les touristes contemplent encore à Troyes deux tableaux que l'église Saint-Jean doit au pinceau de ce peintre célèbre et qui représentent le *Baptême de Jésus-Christ par saint Jean-Baptiste* et le *Père éternel proclamant la divinité de son Fils.* On sait que les deux anges qui soutiennent Notre-Seigneur rappellent les gracieuses figures de la femme et de la fille de l'artiste troyen. Ces deux tableaux, admirés par Alexandre I, lors de la première invasion, ne furent payés que 1,500 livres, comme le constatent les quittances signées de la main de Pierre Mignard et l'acte de réception du grand tableau :

(1) Un Cordonnier est encore cité comme peintre dans les registres de la fin du XVIIe siècle.

« J'ay receu des sieurs Jean Goujon, Michel Taffignon, Jacques Tassin et Louis Camusat, marguilliers de l'euvre et fabrique de l'église Saint-Jean de Troyes la somme de *cinq cent livres* à bon compte des deux tableaux que je fait pour la dite église, laquelle somme de cinq cent livres je tiendray compte sur le pris fait des dits tableaux. Fait à Paris le 21 mars 1667.

» P. MIGNARD. »

« J'ay receu la somme de *mil livre* en une lettre de change sur Monsieur Papillon, qui est pour le reste du payement des dits deux tableaux à Paris, le 12 du mois de septembre 1667. » MIGNARD. »

Le registre de l'année 1667 fait mention de cette dépense, plus 10 livres 12 sous 6 deniers « pour la boîte du grand tableau, l'emballage, le port et le renvoy des deux desseins par le messager. »

Le *Baptême de Notre-Seigneur* fut reçu le 14 juillet 1667, ainsi que le constate ce qui suit :

« Nous, soussignés, Jean Goujon et Louys Camusat, marchands à Troyes et marguilliers de la fabrique Saint-Jean du dit Troyes, confessons que Monsieur Mignard, très-excellent peintre, demeurant à Paris, nous a mis en main ce jourd'huy le grand tableau du *Baptesme de Saint-Jean* qu'il a esté prié de faire pour la dite église et promettons au dit sieur Mignard lui payer la somme de *mil livres* restant à payer de la somme à luy promise incontinent après qu'il nous en aura encore fourny le *petit tableau* qui se doibt mettre dans la dite église, au-dessus du dit grand tableau du *Baptesme*, lequel petit tableau il fera suivant l'un des deux desseins qu'il nous a aussy baillez ce jourd'huy, lequel luy sera renvoyé du dit Troyes. Fait à Paris, ce 14 juillet 1667.

» Jean GOUJON, Louis CAMUSAT (1). »

Nicot « faict dix tableaux au sujet du mistère et vie de saincte Marie-Magdeleine pour 200 livres, 1671, et un sainct Joseph » à Sainte-Madeleine.

Carré Jacques né à Troyes en 1649, élève de Lebrun, peint l'histoire de saint Pantaléon pour sa paroisse en six grands tableaux où il représente les principales actions de la vie du médecin grec. Le plus remarquable de ces tableaux est celui de la *Fosse aux lions*. Carré a aussi peint pour Sainte-Maure.

Cossard Guillaume, peintre en paysage et en histoire, a travaillé pour Saint-Jean vers la fin du XVIIe siècle. Saint-Remi conserve encore un tableau de son fils Guillaume représentant *Saint Roch guérissant les pestiférés*, avec la signature *G. Cossard*, 1728. Pierre Cossard, son petit-fils, a laissé plusieurs tableaux que les touristes peuvent voir à Saint-Remi, à Saint-Nizier, à Saint-Jean et dans beaucoup d'églises du diocèse (2).

---

(1) Comptes de la fabrique de Saint-Jean, p. 57.

(2) S'il faut en croire Courtalon, un Pierre-Mathieu Cossard aurait exercé dès le quinzième siècle. *Almanach de la ville et du diocèse de Troyes*, 1785.

www.ingramcontent.com/pod-product-compliance
Ingram Content Group UK Ltd.
Pitfield, Milton Keynes, MK11 3LW, UK
UKHW021141230726
13926UKWH00002B/881

9 782016 111642